FORSCHUNGSBERICHT DES LANDES NORDRHEIN-WESTFALEN

Nr. 2911/Fachgruppe Textilforschung

Herausgegeben vom Minister für Wissenschaft und Forschung

Dr.-Ing. Adolf Funder
Textilforschung Bielefeld e. V.

Einsatzmöglichkeiten
für Chemiefaser/Leinen-Mischungen
in der Wirkerei

Springer Fachmedien Wiesbaden GmbH 1980

CIP-Kurztitelaufnahme der Deutschen Bibliothek

Funder, Adolf:
Einsatzmöglichkeiten für Chemiefaser—Leinen-
Mischungen in der Wirkerei / Adolf Funder.

(Forschungsberichte des Landes Nordrhein-
Westfalen ; Nr. 2911 : Fachgruppe Textil-
forschung)
ISBN 978-3-663-20044-4

© 1980 by Springer Fachmedien Wiesbaden
Ursprünglich erschienen bei Westdeutscher Verlag GmbH, Opladen 1980
Gesamtherstellung: Westdeutscher Verlag
ISBN 978-3-663-20044-4   ISBN 978-3-663-20400-8 (eBook)
DOI 10.1007/978-3-663-20400-8

Inhalt

1. Einleitung	1
2. Überblick über verschiedene Herstellungsverfahren textiler Flächengebilde	2
2.1. Stricken oder Wirken ?	4
2.2. Einteilung maschenbildender Maschinen	6
3. Verarbeitung von Leinen- und Leinenmischgarnen	7
3.1. Ketten-Wirkmaschinen mit Schußeintrag	8
3.2. Frottier- und Plüschwirkmaschinen	13
3.3. Jacquardspitzenwirk- und Klöppel-(spitzen)maschinen	17
4. Kriterien für die Eignung der Garne	18
4.1. Ketten-Wirkmaschinen (Raschelmaschinen) mit Schußeintrag	18
4.2. Frottier- und Plüschwirkmaschinen	19
4.3. Jacquardspitzenwirk- und Klöppel-(spitzen)maschinen	20
5. Gebrauchseigenschaften verschiedener Warengattungen und ihre Verbesserung durch Materialkombinationen	21
6. Möglichkeiten der Verbesserung der Verarbeitbarkeit	23
7. Schlußbetrachtung	25
Literatur	29
Tabellen	3

1. Einleitung

Die Mode fordert immer wieder abwechslungsreiche Neuerungen von den Herstellern textiler Erzeugnisse. Auf der Suche nach modischen Neuheiten müssen alle Möglichkeiten ausgeschöpft werden, durch vielseitige Verarbeitungsverfahren und Materialkombinationen neue Varianten für die Produkte zu schaffen. Daneben gilt es, die Verarbeitungsverfahren und die Gebrauchseigenschaften der Erzeugnisse ständig zu verbessern, um neue Märkte zu erschließen oder bestehende behaupten zu können.

Das Leinen ist wegen seiner typischen Struktur immer wieder ein belebender Effekt im modischen Angebot gewesen. Wegen der physiologisch günstigen Eigenschaften der Naturfaser, bietet sich Leinen für viele Verwendungen an. Auf der anderen Seite ist die Verarbeitung von Leinen wegen seiner speziellen Eigenarten in vielen Bereichen problemreicher und teurer gegenüber Baumwolle und Wolle. Aus dem letzteren Grunde ist Leinen in manchen Einsatzgebieten nur wenig vorhanden.

Mit dem Aufkommen von Chemiefaser/Leinen-Mischgarnen können jedoch weitere Warenbereiche und Verarbeitungsmethoden für Leinen erschlossen werden. [1, 2, 3]

Die Wirkereierzeugnisse unterscheiden sich grundsätzlich in ihrem Aufbau von den Webwaren, zu denen Leinengarne schon vom Altertum her verarbeitet werden. Stellt bei einem Gewebe die gerade Verkreuzung von Kett- (Längs-) und Schuß- (Quer-) Faden mit der Leinwand-Bindung als Grundform aller Fadenverkreuzungen die Baukonstruktion dar, so wird eine Wirkware aus Maschen gebildet, aus in Schleifenform gelegten Fadenabschnitten eines Einzelfadens. Diese Maschenlegung führt zu einer anderen Beanspruchungsart der Garne gegenüber dem Weben. Für den zur Schleifenbildung erforderlichen

Biegevorgang erscheinen die verhältnismäßig steifen und dehnungsarmen Leinengarne nicht besonders geeignet zu sein. Hinzu kommt, daß die Entwicklung Maschenwaren maschinell zu erzeugen in einer Zeit einsetzte, die nur wenig Anlaß bot, von der bewährten Herstellung von Leinenerzeugnissen in der Weberei auf andere schwieriger erscheinende Herstellungstechniken überzugehen. Dies mögen Gründe dafür gewesen sein, daß der maschinellen Erzeugung von Maschenwaren aus Leinen zunächst wenig Beachtung geschenkt wurde.

Die weitere maschinentechnische Entwicklung auf dem Maschensektor brachte dann allgemein vielfältige textile Gestaltungsmöglichkeiten und bessere Gebrauchstüchtigkeiten in bestimmten Verwendungsbereichen, oft gepaart mit wirtschaftlichen Vorteilen. So liegt es nahe, diese Verarbeitungstechniken auch für den Rohstoff Leinen zu erproben, bzw. die Angebotspalette an Maschenwaren durch den Einsatz der Naturfaser Leinen zu bereichern. Insbesondere mit geeigneten Kombinationen von Chemiefasern erscheinen die Einsatzmöglichkeiten von Leinen- und Leinenmischgarnen aus technischer Sicht wesentlich günstiger als dies früher ohne solche Kombinationsmöglichkeiten der Fall war.

2. Überblick über verschiedene Herstellungsverfahren textiler Flächengebilde

Für den traditionellen Leinengarnverarbeiter, den "Leineweber" sind die von der Weberei abweichenden Herstellungsverfahren meist ein wenig fremd. Ursprünglich als streng getrennte Spezialgebiete innerhalb der Textilindustrie betrieben, herrschten nur "lose verwandtschaftliche Gemeinsamkeiten" zwischen den verschiedenen Sparten. Erst mit dem industriellen und marktwirtschaftlichen Bestreben einer breiteren Basis der textilen Fertigung greifen auch verschiedene Fertigungsarten innerhalb einer Herstellerfirma ineinander. Es soll daher zunächst eine kurze Übersicht über die verschiedenen Verfahren, textile Flächen aus Garnen zu erzeugen, gegeben werden.

Weben	=	Verkreuzen zweier Fadensysteme als Kette und Schuß. Von Alters her Einsatz von Leinengarnen für die Herstellung von Reinleinen- und Halbleinengeweben, neuerdings auch für Leinenmischgarne in vielfältigen Kombinationen.
Stricken	=	Bilden von ineinanderhängenden Maschen eines Einzelfadens, wobei die Maschen einer Reihe nacheinander ausgebildet werden.
		Verwendung von Leinengarnen für großmaschige, modische Bekleidungstextilien ("Sommerpullover"), Mischgarne auch für enge Maschenbilder gut einsetzbar.
Wirken	=	Bilden von ineinanderhängenden Maschen eines Fadens (Kulierwirken) oder einer Fadenschar (Kettenwirken), wobei die Maschen einer Reihe gleichzeitig ausgebildet werden.
		Vielseitige maschentechnische Abwandlungs- und Musterungsmöglichkeiten, dadurch sehr gute Einsatzchancen für Leinen- und Mischgarne.
Flechten	=	Diagonales Verkreuzen eines Fadensystems zu Flach- (Litzen, Tressen) oder Rund- (Kordel) oder Hohlgeflechte (Schläuche).
		Verarbeiten von Leinengarnen nach dieser Methode ohne größere Probleme, über eine Verarbeitung von Leinenmischgarnen ist bisher nichts bekannt geworden.
Tuften	=	Einnähen von Florfäden in ein vorgefertigtes Grundgewebe (Gewirk, Faservlies)
		Bei dem (ausschließlich) für die Herstellung von

Teppichen und Bodenbelägen angewendeten Verfahren werden Leinen- und Mischgarne praktisch nicht eingesetzt, ihre Chancen werden aus verschiedenen Gründen auch für die Zukunft als gering eingeschätzt.

Nähwirken = Querübereinanderlegen von einem Kett- und einem Schußfadensystem, die mit einem dritten Fadensystem übernäht und damit zu einem Verbundstoff zusammengehalten werden (Malimo).

Verarbeitung von Leinen- und Mischgarnen technisch ohne größere Schwierigkeiten möglich, Absatz allerdings mengenmäßig stark begrenzt, Oberfläche entspricht nicht hohen Ansprüchen.

Bobinet = Umschlingen von Kettfäden durch schräg geführte Bobinetfäden mit spitzenartigen Verkreuzungen.

Eignet sich für Leinengarne, insbesondere als senkrecht verlaufende Stängelfäden. Begrenztes Einsatzgebiet, Spitzen, Gardinen.

Filet = Verknüpfen eines Fadensystems zu einem gitterartigen Netz mit meist quadratischen Zellen, die mit Stickereien ausgefüllt werden.

Als Material werden bevorzugt Leinen und Seide verwendet, allerdings ist die Herstellung solcher Kostbarkeiten mengenmäßig unbedeutend.

2.1. Stricken oder Wirken ?

Nach dem Weben kommt dem Stricken und Wirken die größte Bedeutung für den Einsatz von Leinen- und -Mischgarnen zu. Mit den Augen eines Webers werden einige Möglichkeiten der Verarbeitung betrachtet, die den Einblick in dieses Gebiet vertiefen und zu weiterem Gestalten und Kombinieren anregen mögen.

Zwischen Stricken und Wirken bzw. gestrickter und gewirkter Ware fällt oft eine Unterscheidung schwer und selbst der Fachmann kann nicht immer einer Maschenware ansehen, ob sie gestrickt oder gewirkt ist, nämlich dann nicht, wenn es sich um eine Ware aus einem Einfadensystem handelt, bei der die Maschen aus einem ineinanderverhängten Einzelfaden gebildet werden. Eine solche Ware kann sowohl auf einer Strick- als auch auf einer Kulierwirkmaschine hergestellt sein. So zeigen Gestricke und Kuliergewirke im Fertigzustand völlig gleiche Maschenbilder. Nur bei Kenntnis der Herstellungsmaschinen kann eine richtige Unterscheidung getroffen werden. Für die fertige Maschenware ist daher eine Unterteilung in Gestricke und Gewirke wenig sinnvoll. Nach DIN 62 049 wurden daher Kuliergewirke und Gestricke zusammengefaßt und den Kettengewirken gegenüber gestellt. Zur Unterscheidung ist zu merken, daß bei Kuliergewirken und Gestricken die Fäden in Querrichtung, bei Kettengewirken in Längsrichtung als Masche durch die Ware laufen. Hinsichtlich der Maschinen besteht die Aufteilung in Strick-, Kulierwirk- und Kettenwirkmaschinen. Auf der Strickmaschine wird die Masche durch das Durchholen eines Fadenstückes durch eine Fadenschlaufe mit Hilfe einzeln beweglicher Nadeln gebildet. Die Maschen werden durch die nacheinander in Funktion tretenden Nadeln aneinandergereiht. Im Effekt gleich, doch in der Arbeitsweise verschieden, werden gleichaussehende Maschen auf Kulierwirkmaschinen gebildet. Hier werden Maschen über zu Fadenschlingen vorgeformten Fadenstücken mit fest nebeneinanderstehenden gemeinsam bewegten Nadeln gleichzeitig reihenweise abgeworfen. Im Prinzip wird die Masche auf der Kettenwirkmaschine ebenso gebildet wie auf die Kulierwirkmaschine, jedoch wird nicht ein Faden quer über die Nadelschäfte der nebeneinander angeordneten Nadeln gelegt, sondern eine Schar von Fäden wird in Längsrichtung (ähnlich wie eine Webkette) durch je eine Lochnadel den maschebildenden Elementen vorgelegt. Jeder Faden wird durch die Maschenbildung mit einem anderen Faden aus der Kette verschlungen. So lassen sich die Maschenreihen einer Kettenwirkmaschine nicht aufziehen, wie bei Gestricken und Kuliergewirken. Kettengewirke sind maschenfest, allenfalls können sie in Kettrichtung, in Richtung der

Maschenstäbchen aufgezogen werden, was aber auch große Mühe macht, da Umschlingungen rückgängig gemacht werden müssen.

2.2. Einteilung maschenbildender Maschinen

Wegen der Verschiedenheit der Maschinen, die Maschenwaren herstellen, empfiehlt es sich zur näheren Kennzeichnung eine Einteilung nach einheitlichen Grundsätzen durchzuführen. Hier sei auf DIN 62 090 verwiesen, die die Maschinen nach ihren Merkmalen in folgender Reihenfolge gliedert:

a) Art der Nadelbeweglichkeit
   Maschinen mit einzeln bewegten Nadeln:
                              Strickmaschinen
   Maschinen mit gemeinsam bewegten Nadeln:
                              Wirkmaschinen

b) Art der Fadenvorlage
   Maschinen mit Fadenvorlage in Querrichtung:
                              Einfaden - Strickmaschinen
                              Einfaden - Wirkmaschinen
   Maschinen mit Fadenvorlage in Längsrichtung:
                              Ketten - Strickmaschinen
                              Ketten - Wirkmaschinen

c) Art der Nadelanordnung
   Maschinen mit geradlinig in einem Nadelbett oder in einer Nadelbarre angeordneten Nadeln:
                              Flach - Strickmaschinen
                              Flach - Wirkmaschinen
   Maschinen mit kreisförmig in einem Zylinder oder in einer Scheibe bzw. ähnlichem Tragelement angeordneten Nadeln:
                              Rund - Strickmaschinen
                              Rund - Wirkmaschinen

d) Bindungsgruppe der erzeugten Maschenware
   Maschinen zur Herstellung von Rechts/Links-Ware RL:
                              RL - Strickmaschinen
                              RL - Wirkmaschinen

Maschinen zur Herstellung von Rechts/Rechts-Ware RR:
  RR - Strickmaschinen
  RR - Wirkmaschinen
Maschinen zur Herstellung von Links/Links-Ware LL:
  LL - Strickmaschinen
  LL - Wirkmaschinen

e) Ausführungsform der Maschine
Weitere Unterscheidungen nach der Ausführungsform, die sich auf die Antriebsart (Hand- oder Motormaschine), die Arbeitsweise (Automaten) oder die Bauart (System) beziehen:
Flach-Einfaden-Hand-Strickmaschine
  Motor-Strickmaschine
  Strickautomat

Flach-Einfaden-Wirkmaschine Bauart Cotton
  Bauart Paget

Rund-Einfaden-Wirkmaschine französisches System
  englisches System
  deutsches System

Flach-Ketten-Wirkautomat
  Raschelmaschine
  Häkelgalonmaschine

Zu einer vollständigen Einordnung einer maschenbildenden Maschine sind also eine Reihe von Angaben erforderlich, so zum Beispiel:
  Rechts/Links-Flach-Einfaden-Wirkmaschine Bauart Cotton.

3. Verarbeitung von Leinen- und Leinenmischgarnen

Frühere Untersuchungen über die Verarbeitbarkeit von reinen Leinengarnen hatten Schwierigkeiten aufgezeigt, die sich ergeben können, wenn Leinengarne zur Maschenbildung herangezogen werden. Nur unter bestimmten Voraussetzungen, Einsatz von paraffinierten Garnen von hoher Feinheit und Gleichmäßigkeit, angepaßten Lochnadeln und geeigneter Nadelteilung, konnten zufriedenstellende Laufeigenschaften erzielt werden. [4, 5]

Wenn die Versuche auch den Beweis erbrachten, daß Leinengarne zur Maschenbildung verwendet werden können, so gaben die hierfür notwendigen Voraussetzungen zu Überlegungen Anlaß, Leinengarne nur dort einzusetzen, wo keine zu großen Ansprüche an die Dehnfähigkeit des Garnes während der Verarbeitung gestellt werden und die Teilsysteme mit hoher Dehnungsbeanspruchung entweder Chemiefasergarnen oder Chemiefaser/Leinen-Mischgespinsten zu überlassen. Damit werden für die Verarbeitung gute Laufeigenschaften ohne aufwendige Voraussetzungen geschaffen und im Erzeugnis die physiologisch günstigen Eigenschaften der Naturfaser Flachs (rasche Feuchtigkeitsadsorption, hohe Saug- und Wärmeleitfähigkeit) und der für die modische Gestaltung beliebte Leineneffekt mit den vorteilhaften Eigenschaften der verschiedenen Chemiefasern (geringe Knitterempfindlichkeit, gute Scheuerbeständigkeit, Fixierfähigkeit, Maßstabilität) gekoppelt.

Das Wirkmaschinen-Angebot ist sehr vielfältig unterteilt. In fast allen textilen Anwendungsbereichen sind gewirkte Produkte vertreten [6]. Für einzelne Warengruppen haben sich bestimmte Maschinentypen als besonders vorteilhaft erwiesen. Haus- und Heimtextilien und von ihnen wiederum Gardinen und Dekorationsstoffe haben den größten Anteil an den Produktionsziffern [7]. Sicherlich sind auch in diesen Bereichen günstige Chancen für Leinen - Mischerzeugnisse zu suchen.

3.1. Ketten - Wirkmaschinen mit Schußeintrag

Von den verschiedenen Wirkmaschinenarten sind die Wirkautomaten und Raschelmaschinen, (die sich in der Stellung der Nadeln und Fäden zum Gewirk und im Abschlagen und Halten des Gewirkes unterscheiden), sicherlich am besten geeignet Leinen- und Leinenmischgarne aller Art zu verarbeiten. Dies gilt insbesondere für Maschinen mit Schußeintrag.

Bei normalen Wirkmaschinen können die Garne mittels Lochnadel oder Röhrchenfadenführer als Stehfaden oder Schußlegung in eine Grundware eingebunden werden. Dabei sind im wesentlichen durch die Nadelteilung in der Feinheit und Art der einsetzbaren Garne Grenzen gesetzt.

Werden dagegen Wirkmaschinen mit "Vollschußeintrag" verwendet, dann ist der Spielraum für die Auswahl verarbeitbarer Garne fast unbegrenzt. Weder die Feinheit noch die Art der Struktur des Garnes wirkt sich ausschlaggebend auf seine Verarbeitbarkeit als Schuß aus, denn die Nadelteilung hat keinen Einfluß auf den Schußeintrag und jede Verdickung wie Noppen, Flammen, Schlingen oder Knoten kann den Schußfadenführer passieren. Damit können auch ausdrucksvollere Effektgarne verarbeitet werden. Wegen der hohen und diskontinuierlichen Abzugsgeschwindigkeit müssen lediglich eine ausreichende Reißfestigkeit und ein störungsfreier Abzug von der Vorlagespule gewährleistet sein.

Kettenwirkautomaten und Raschelmaschinen mit Schußeintrag oder Querfaden-Vorlage werden von den Firmen W.Barfuß & Co. Mönchengladbach, Industriewerke Schauenstein bzw. Liba GmbH Naila, und K.Mayer GmbH, Obertshausen gebaut. Auf die Unterscheidungen in ihren technischen Daten kann hier nicht in allen Einzelheiten eingegangen werden. Die wesentlichen Gesichtspunkte für ihren Einsatz sind:

    Art der Querfadenvorlage, Einzelspule oder Spulenmagazin

    Arbeitsgeschwindigkeit in Zusammenhang mit der Arbeitsbreite und ihrer Änderungsmöglichkeit

    Maschinenfeinheit, Anzahl der Nadeln pro Zoll

Die Schußvorlage durch Einzelspule geschieht entweder mit einem hin- und hergehenden Fadenführer (Schauenstein und Mayer) oder mit einem rotierenden Fadenleger (Barfuß), der den Faden erst in ein Sternrad speichert, das ihn dann von oben her über die Wirknadeln in der vollen Breite der Ware einlegt. Dieser frontale Schußeintrag erlaubt eine höhere Schußfolge (Maschenreihen/min) als der Eintrag mit hin- und hergehenden Fadenführern. Dafür lassen sich mit ihnen Mehr-Farben-Schußwechsel durch entsprechende Wechselvorrichtungen besser verwirklichen.

Die Schußvorlage durch Spulenmagazin erfolgt entweder mit

einer Fadenschar von 18 Spulen mit einem hin- und herfahrenden
Fadenlegerwagen (Liba) oder mit einer Fadenschar von 72 bzw.
96 Spulen auf einem umlaufenden oder einem stationären Spulengatter (Mayer). Die Musterungsmöglichkeit ist durch verschiedene Garn(spulen)aufsteckung und Schußfadenselektion vielseitiger.

Die Arbeitsweise mit Einzelspulen-Vorlage führt zu Schußfaden-Abzugsgeschwindigkeiten bis zu 1000 m/min und mehr, mit Spulen-Magazin liegt sie nur im Bereich von 80 bis 120 m/min.
Zu erwähnen bleibt noch, daß durch die erstere Arbeitsweise, dem Einfaden-Umkehr-Schuß-System, eine feste Warenkante und praktisch kein Schußgarn-Abfall entsteht, während die zweite Arbeitsweise mit dem Mehrfaden-Magazin-System eine Schneidkante und einen geringen Schußgarn-Abfall mitsichbringt, der je nach Konstruktion bis zu 4 % ausmachen kann.

Zum Schußeintrag auf Ketten-Wirkmaschinen wurden 35 Leinenmischgarne eingesetzt und zwar in den Feinheitsbereichen von Nm 4,8 bis Nm 40 bzw. 210 tex bis 25 tex, mit unterschiedlichen Materialzusammensetzungen (Polyester/Leinen, Viskose/Leinen, Polyolefine/Leinen) und in verschiedenen Mischungsverhältnissen (80/20, 70/30, 65/35, 50/50), hergestellt nach mehreren Spinnverfahren (Drei-Zylinder-, Halbkammgarn-, Flachswerg-Verfahren), mit rohen, gebleichten und gefärbten Leinenanteilen. Außerdem wurden die Verarbeitungsmöglichkeiten einer Reihe von rohen, gebleichten und gefärbten Reinleinen-Garne sowie verschiedener Effektgarne, insbesondere Spinnflammen und Noppengarne erprobt.

Alle Versuchsgarne wurden jeweils in verhältnismäßig feine Polyester- oder Polyamid-Filament-Ketten (33 dtex f 14, 44 dtex f 13, 72 dtex f 33) eingetragen, so daß das Schußmaterial weitgehend die Oberfläche und damit das Warenbild bestimmt.

Je nach Garneinsatz und Musterungskombination können die erzeugten Waren als Gardinen, Vorhänge, Inbetweens, Dekorationen, Decken, Bettwäsche und Möbelbezugstoffe verwendet werden.

Natürlich konnten nicht alle Fabrikate und Systeme in gleichem Maße in die Versuchsverarbeitungen einbezogen werden. Die meisten Erfahrungen wurden mit der TURBOTEX und KMS 2 gemacht. Sicherlich bieten auch vergleichbare Maschinen anderer Fabrikate entsprechende Verarbeitungsmöglichkeiten.

Für den Schußeintrag auf der TURBOTEX (Firma W.Barfuß & Co., Mönchengladbach) können praktisch alle Leinen- und Leinenmischgarne herangezogen werden. Das zeigten Verarbeitungsversuche mit zahlreichen Garnen unterschiedlicher Konstruktionen und Mischungsanteile. Allerdings sind die Laufeigenschaften und die zu erzielenden Schußeintragsleistungen abhängig insbesondere von der äußeren Beschaffenheit der Garne, strukturellen Ungleichmäßigkeiten und der Steifheit bzw. Geschmeidigkeit.

So kann die Spitzengeschwindigkeit der Maschine mit 600 Reihen/min = 990 m/min Schußeintragsleistung mit relativ glatten Mischgarnen, die einen Polyesteranteil von ca. 65 % oder mehr aufweisen, ausgenutzt werden. Für ein mehr strukturiertes Mischgarn mit geringerem Chemiefaserprozentsatz ($\leq$ 50 %) empfiehlt es sich, im Interesse eines störungsfreien Arbeitsablaufes, die Geschwindigkeit auf 500 Reihen/min = 825 m/min Schußeintragsleistung zurückzunehmen. Bei dieser im Vergleich zu üblichen Webmaschinen-Leistungen noch sehr hohen Arbeitsgeschwindigkeit lassen sich die meisten Mischgarne, ja sogar gefärbte Reinleinen-Garne zufriedenstellend verarbeiten, wenn sie nicht einen ausgesprochen groben "rustikalen Effekt" oder sonstige effektartige grobe Garnunregelmäßigkeiten aufweisen oder ausgesprochen steif und störrisch sind. In solchen Fällen können durch weiter reduzierte Eintragsleistungen, die im Einzelfall auf das jeweilige Garn abgestimmt werden müssen, noch gute Verarbeitungsbedingungen erzielt werden, wobei auch die weiter reduzierte Maschinenleistung durchweg

höher als die vergleichbare Webleistung liegt. Mit wenigen
Ausnahmen genügt eine Resuzierung auf 450 Reihen/min = 745 m/
min Schußeintragsleistung. Hinsichtlich der Steifheit und
Störrichkeit, die insbesondere bei Rohflachs-Garnen eine
Zurücknahme der Eintragsleistung bedingen, ist durch Laugen-
behandlung, die auch nachträglich vorgenommen werden kann,
oder durch Weichmacher-Zusatz eine Verbesserung zu erreichen.
Auch hier muß im Einzelfall entschieden werden, ob der zu-
sätzliche Aufwand in einem kostengünstigen Verhältnis zur
erzielbaren Verbesserung steht.

Generell wurden sehr positive Erfahrungen mit dem Einlegen
von Leinen- und Leinenmischgarnen als Schußmaterial durch
den rotierenden Fadenleger des TURBOTEX-Systems gemacht.
Soweit Störungen auftraten, konnten sie jeweils durch eine
Rücknahme der Arbeitsgeschwindigkeit beseitigt werden, wobei
auch in diesen Fällen die Eintragsleistungen immer noch über
den entsprechenden der Weberei-Verarbeitung liegen. Selbst
mit sonst schwierigen "Effekt-Garnen" lassen sich zufriedenstellende Ergebnisse erzielen. Insofern brauchen keine besonderen Anforderungen an die Garne gestellt werden, wenn
man kompromissbereit ist, etwaige Störungen durch eine ver-
minderte Eintragsgeschwindigkeit zu beheben.

Die Verarbeitung der Versuchsgarne auf dem Kettenwirkautomat
mit Magazinschuß Typ KMS 2 (K.Mayer GmbH, Obertshausen) er-
wies sich insgesamt als noch problemloser. Auch die "kriti-
schen" grob-strukturierten Garne lassen sich ohne nennens-
werte Störungen als Querfäden einlegen. Da die Fadenabzugs-
geschwindigkeiten aufgrund der vorgelegten Spulenschar mit
ca. 100 m/min verhältnismäßig niedrig gehalten werden kann,
ist auch die Zugbeanspruchung des Einzelfadens gering, so
daß keine besonderen Anforderungen an die dynamometrischen
Eigenschaften des Schußmaterials gestellt werden müssen.
Auch hier gilt, daß Störungen, die eventuell bei grob-unre-
gelmäßigen Garnen auftreten können, durch Verringerung der
Arbeitsgeschwindigkeit vermieden werden. Maximal beträgt
die Leistung 650 Maschenreihen/min, was bei einer Breite von

63" = 160 cm einer Schußeintragsleistung von 1040 m/min entspricht. Diese Leistung konnte mit den Versuchsgarnen bis auf einzelne Ausnahmen erbracht werden. Mit einer maximalen Arbeitsbreite von 130" = 330 cm ist bei dieser Maschine eine Schußeintragsleistung von 2145 m/min möglich.

Die Magazinschuß-Verarbeitung erlaubt musterungsmäßig auch einen Schußeintrag in unregelmäßiger Reihenfolge. Durch fehlende Schußfäden entstehen "durchbrochene Stoffe". Dabei sorgt die Wirktechnik durch eine entsprechende Maschenabbindung trotzdem für eine schiebefeste und formstabile Ware.

3.2. Frottier- und Plüschwirkmaschinen

Der Anteil von Frottier- und Plüschstoffen an den gesamten textilen Fertigerzeugnissen hat in den letzten Jahren ständig zugenommen. Hierfür sind teils modische Nachfragen verantwortlich, teils liegen die Gründe aber auch in den vorteilhaften Eigenschaften dieser Gebilde und den neuartigen Herstellungstechnologien. So hat u.a. die Entwicklung von Wirkmaschinen für die Herstellung von Frottier- und Plüschware erhebliche Fortschritte gemacht. [8]

Weit bekannt geworden ist die überwiegend auf Kettenwirkautomaten hergestellte Wirkfrottier-Bettwäsche, die in der Regel aus einem Grundgewirk aus synthetischen Filamentgarnen (Polyamid oder Polyester) und den Frottierschlingen aus Baumwolle besteht. Aber nicht nur als Bettwäsche finden Frottiergewirke Verwendung, sondern auch als Sommer-, Strand- und Badebekleidung. [9]

Was liegt also näher, hier einen Einsatz von Leinen als Frottierschlinge zu versuchen. Diese Versuche, Reinleinengarne als Frottierschlingen in Wirkwaren einzusetzen, sind allerdings schnell beschrieben, sie sind gescheitert. Es gelang nicht, trotz Verwendung feiner qualitativ hochwertiger Flachsgarne und vieler Einstellungsvariationen eine zufriedenstellende Verarbeitung zu erreichen. Grund hierfür war letztlich die nur geringe Dehnfähigkeit der Reinleinengarne, die zu einem Verbiegen der Spitzennadeln und damit zu Funktionsstörungen führte.

Für Leinen bleibt so nur die Möglichkeit, über eine Garnmischung mit Fasern, die eine hohe Dehnfähigkeit aufweisen, als Mischungsanteil in die Frottierschlinge einer Wirkware zu gelangen. Entsprechende Verarbeitungsversuche mit Polyester/Leinen-Mischgarnen (50/50, 65/35, 80/20) hatten Erfolg, allerdings konnten wegen des zur Verfügung stehenden Materials nur kleine Warenmengen produziert werden. Hinsichtlich der Maschinen und ihrer Einstellungen sind eine Reihe von Alternativen möglich, die das Flächengewicht und das Warenbild beeinflussen. Von der Garnfeinheit her ist die Auswahl begrenzt, da wegen der Nadeln eine gewisse Feinheit nicht unterschritten, andererseits wegen einer wirtschaftlichen Herstellung von Leinenmischgarnen mit nennenswerten Leinenanteilen eine obere Feinheitsgrenze nicht überschritten werden kann. Eine gängige Feinheit für ein solches Mischgarn ist 36 tex = Nm 28. In Verbindung zum Beispiel mit 67 dtex = 60 den Polyamid für das Grundgewirk ergeben sich je nach Einstellung Warengewichte von ca. 130 bis ca. 270 g/m^2. Der Anteil der Frottierschlingen am Gesamtgewicht liegt dabei meist zwischen ca. 65 und ca. 80 %, der Leinenanteil somit entsprechend dem Mischungsanteil des Schlingengarnes geringer. Sicherlich können auch Mischgarne mit Leinenanteilen über 50 % zu Frottierschlingen verarbeitet werden - was im Rahmen der Arbeit nicht erprobt werden konnte - wenn sie eine ausreichende Dehnung (etwa in der Größenordnung von Baumwollgarnen - 6 %) aufweisen. Sie wird bei Leinen/Polyester im Verhältnis 2:1 noch erreicht. Allerdings nimmt die wirtschaftliche Ausspinngrenze in Bezug auf die Garnfeinheit mit zunehmendem Leinenanteil ab, so daß gegebenenfalls auf eine Maschine mit gröberer Nadelteilung ausgewichen werden müßte.

Bekanntlich lassen sich auf Ketten-Wirkmaschinen auch Plüsche bzw. Velours herstellen. Hierfür werden gerne Maschinen mit zwei Zungennadelbarren (z.B. Rascheln der Firma Karl Mayer, Obertshausen, Typen HDR 5 DPLM und HDR 5 DPLH) eingesetzt. Jede Nadelbarre stellt mit je zwei Legeschienen ein Grundgewirke her. Mit einer fünften Legeschiene werden die Polfäden zwischen den Nadelbarren hin und her gelegt. Diese Polfäden

werden dann später auf einer Schneidmaschine durchgeschnitten
und es entstehen zwei Plüsch- bzw. Veloursbahnen. Der Abstand
der beiden Abschlagkammbarren der Wirkmaschine bestimmt die
Polhöhe der Fertigerzeugnisse. Er ist einstellbar zwischen
4 u. 60 mm bzw. zwischen 60 u. 140 mm bei Spezialmaschinen.
So sind kurz- oder langpolige Doppelgewirke herstellbar, die
Polhöhe jeder Bahn ist ca. die Hälfte des Barrenabstandes.
Hinsichtlich der Einbindung der Polfäden im Grundgewirk ist
zwischen Masche und Henkel zu entscheiden. Die Masche mit
vier Bindungsstellen ergibt eine bessere Verankerung des Pols
gegenüber dem Henkel mit zwei Bindungsstellen.

Eine andere Art der Plüschherstellung ist mit einer doppelreihigen Raschel gegeben, bei der eine Barre mit Zungennadeln und die andere Barre mit Stiften ausgestattet ist. Hier
werden die Polfäden mittels einer Legeschiene mit Legeröhrchen um die Stifte zu Plüschhenkeln (Bouclé-Schlingen) gelegt. Mit einem Rundmesser können diese Polschlingen dann
direkt an der Raschel aufgeschnitten werden, wenn ein Velours
entstehen soll. Auch bei dieser Henkelplüsch-Herstellung kann
die Schlingenhöhe variiert werden, auch eine Hochtief-Musterung ist möglich. Je nach Maschinentype wird das Polmaterial
mit einer kurzen Schußlegung oder mit einer Maschenbildung
eingebunden.

Die Wirkerei bietet noch viele weitere interessante Möglichkeiten zur Herstellung von Polwaren, die natürlich nicht alle
in diese Arbeit einbezogen werden konnten. Neben der konventionellen Weise Gewirke für Velours- oder Samtausrüstung auf
Kettenwirkmaschinen herzustellen, sind noch drei Verfahren
besonders zu erwähnen, Weftloc-Pol, Pre-Loop-Knit und Turbokord. Die mit Polplatinen ausgestattete Weftloc-Pol-Raschel
(Liba-Maschinenfabrik GmbH, Naila) bildet sehr gleichmäßige
Polhenkel aus, die ganz auf der Stoffoberfläche liegen und
erst durch eine Beschichtung eine ausreichende Haftung im
Grundgewebe erhalten (wirtschaftliche Vorteile). Die Polfäden können aber auch Maschen bilden und so für eine schiebefeste Verankerung (ohne Beschichtung der Warenrückseite)
im Grundgewirk sorgen. Durch die in ganzer Breite eingetra-

genen Schußfäden wird außerdem eine gute Querstabilität erreicht.

Bei dem Pre-Loop-Knit-Verfahren werden in die Nadelfontur der Raschel abwechselnd Zungennadeln und Stifte eingesetzt. Der Polfaden wird jeweils zu einem Henkel um eine Wirknadel und um einen Stift gelegt. Ein Fallblech verhindert, daß der Polhenkel vom Nadelhaken erfaßt und zur Masche ausgebildet wird. So kommt der Polhenkel völlig auf die Warenoberfläche zu liegen. Musterungsmäßig können die Polfäden auch um verschiedene Nadelteilungen zu unterschiedlich langen Schlingen gelegt werden, wodurch viele Variationsmöglichkeiten entstehen.

Zur Herstellung von Turbokord werden Turbotex-Maschinen (W.Barfuß & Co., Mönchengladbach) eingesetzt. Benötigt werden drei Ketten, eine für die Kordrippen, eine für die Grundfläche, eine für Stehfäden in Längsrichtung und schließlich ein Schußfaden, der für Querstabilität sorgt. Die Fäden für die Kordrippen werden in entsprechend langen Flottierungen so gelegt, daß sie in der Ausrüstung aufgeschnitten werden können.

Der Einsatz von Reinleinen-Garnen als Pol zur Plüschherstellung auf Wirkereimaschinen ist wiederum wegen der geringen Dehnfähigkeit dieser Garne sehr begrenzt, wie sich in verschiedenen Versuchen herausgestellt hat. Es gelang nicht, unter annehmbaren Bedingungen eine störungsfreie Verarbeitung zu erreichen.

So kommt nur eine Verarbeitung von Leinen zu Plüschgewirken in Form eines Mischgarns mit anderen Faserarten infrage, die eine höhere Dehnung und Elastizität des Garns bewirken. Versuche, kleinerer Ausmaße auf einer Raschel Typ HDR 5 DPLM (Karl Mayer, Obertshausen) mit Leinen/Acryl (300 tex x 2 = Nm 34/2) im Mischungsverhältnis 50/50 als Polfaden waren erfolgreich. Mit einem Anteil des Polgewichts von ca. 78 % und des Grundgewirks von ca. 22 % (je 1 Legeschiene mit

30 tex = Nm 34 Baumwolle = ca. 16 % und 110 dtex = 100 den Polyamid = ca. 6 %) am Gesamtgewicht von ca. 550 g/m^2 macht der Leinenanteil ca. 39 % oder ca. 215 g/m^2. Natürlich stehen auch hier hinsichtlich der Einstellungen, Zusammensetzungen und Warengewichte viele Variationen offen, wie aus vorstehenden Beschreibungen hervorgeht. Auch in Form eines Mischgarnes kann durch eine geeignete Aufteilung der Ware Leinen in einem Ausmaß zugeführt werden, daß seine Eigenschaften noch zum Tragen kommen.

3.3. Jacquardspitzenwirk- und Klöppel(spitzen)maschinen

Leinen ist ein bevorzugtes Material für viele Spitzenarten soweit sie in Handarbeiten mit Nadeln oder Klöppeln angefertigt werden. Für die Herstellung von Spitzen mit Maschinen werden vielfach andere Materialien eingesetzt, weil Leinengarne in der benötigten Feinheit und Gleichmäßigkeit sehr teuer sind und in der maschinellen Verarbeitung oft Schwierigkeiten bereiten. Aus diesem Grunde sind auch Verarbeitungen auf einer Jacquardspitzenwirkmaschine und auf einer Klöppelmaschine in die Versuche einbezogen worden, um auch hier zu Überlegungen zu einem gemeinsamen Einsatz von Chemiefasern und Leinen anzustoßen.

Während es für die Spitzenherstellung auf einer Jacquard-Raschelmaschine einer sehr sorgfältigen Entwicklung bedarf, um einen Artikel produktionsreif zu machen, ist die Fertigung von Borten auf einer Klöppelmaschine wesentlich unkomplizierter.

So muß für die Jacquard-Spitzen-Maschinenfeinheit, Materialzusammensetzung, Garnfeinheiten, Mustereffekte und Verteilungen auf die Legebarren gut aufeinander abgestimmt sein. Den Leinengarnen sollten nur Mustereffekte mit möglichst weiten Flottierungen zugeordnet werden, bei denen die Nadeln wegen der geringen Dehnung der Garne nicht überbeansprucht werden, während kurzflottierende Abbindungen und enge Maschen einem leichter dehnbaren Material überlassen bleiben.

Wenn sich auf Klöppelmaschinen auch reine Leinengarne in
einem befriedigenden Ausmaß verarbeiten lassen, so wird doch
noch eine wesentliche Verbesserung erreicht, wenn durch eine
geringe Zumischung von Polyester, hier genügt ein Anteil von
ca. 10 %, die Garne dehnfähiger gemacht werden. Mit einem
solch geringen Zusatz von Polyester versehene Leinengarne
bzw. -zwirne lassen sich in vielen Varianten, auch gemeinsam
mit Woll- oder Acrylgarnen ohne Schwierigkeiten auf einer
Klöppelmaschine verarbeiten.

4. Kriterien für die Eignung der Garne

Für den Praktiker ist es immer wünschenswert bereits vor der
Verarbeitung etwas über die Eignung der Garne und die zu erwartenden Laufverhältnisse zu erfahren. Gerade bei Einsatz
von Garnen zu modischen Erzeugnissen wechseln Garnstruktur
und Zusammensetzung in einer solchen Vielfalt, daß nur wenig
auf bereits gemachte Erfahrungen zurückgegriffen werden kann.
Daher wird versucht, im Rahmen dieser Arbeit auch einige
allgemeinere Beurteilungsmerkmale zur Verarbeitungsfähigkeit
auf den verschiedenen Wirkmaschinen zu erarbeiten.

4.1. Ketten-Wirkmaschinen (Raschelmaschinen) mit Schußeintrag

Für den Schußeintrag haben sich - wie berichtet - auch bei
sonst als "kritisch" angesehenen Effektgarnen keine grundsätzlichen Schwierigkeiten ergeben. In einigen Fällen war
zwar eine Rücknahme der Eintragsgeschwindigkeit erforderlich,
jedoch konnten daraus keine konkreten Zusammenhänge zwischen
den Garneigenschaften Zugfestigkeit, Zugdehnung, Ungleichmäßigkeit oder Dickstellenhäufigkeit und der möglichen Eintragsgeschwindigkeit hergeleitet werden. Ausschlaggebend für
die ohne Störungen erreichbare Eintragsleistung war einmal
die Art der Garnverdickungen, knotenartige, abrupte Querschnittsänderungen, die beim Abziehen von der Spule zum
Haken neigen und zum anderen die Steifheit oder Störrigkeit
von naßgesponnenen Rohflachs-Garnen, beides Merkmale die
meßtechnisch schwierig zu erfassen sind. Auch ist eine präzise Abgrenzung nicht möglich. Es kann für eine Vorausbeurteilung lediglich die Empfehlung gegeben werden, auf zwei

Punkte zu achten und zwar auf die
>Art des Effektes bzw. Übergang vom Normalfaden,
>Steifigkeit des Garns.

An die erreichbare Verarbeitungsgeschwindigkeit muß sich im Einzelfall herangetastet werden. Allgemein gültige Angaben können nicht gemacht werden. Aufgrund der vielen Garn-Variationen, die zum Einsatz gekommen sind, kann jedoch festgestellt werden, daß Leinen-und Leinenmischgarne in ihrer Mehrzahl ohne Einschränkung zum Schußeintrag in Ketten-Wirkmaschinen geeignet sind. Nur bei einer Minderheit ist eine Rücknahme der außerordentlich hohen Verarbeitungsgeschwindigkeit notwendig, um Störungen zu vermeiden und nur in Ausnahmefällen muß eine Verarbeitbarkeit mit einer verhältnismäßig niedrigen Eintragsleistung erkauft werden, die aber immer noch weit über denjenigen liegt, die mit solchen Garnen auf Webmaschinen zu erreichen sind.

4.2. Frottier- und Plüschwirkmaschinen

Für die Verarbeitbarkeit als Frottier- oder als Polschlinge ist eine gewisse Dehnfähigkeit des Garnes ohne zu hohen Kraftaufwand unerläßlich. Dabei kann das Kraft/Dehnungs- (bzw. Längenänderungs-)Verhalten von 3 Zylinder-Baumwollgarnen durchschnittlicher Qualität als Vergleichsmaßstab dienen. Liegt die Kraft/Dehnungs-(bzw. Längenänderungs-)Kurve des bemusterten Garnes steiler als die des Baumwollgarnes, ist mit Schwierigkeiten zu rechnen; verläuft die Kurve flacher, ist von der Dehnfähigkeit her die Eignung gegeben. Reinleinengarne mit ihren sehr steilen Kennlinien eignen sich also nicht; dem Leinen muß demnach mindestens soviel an anderen dehnfähigeren Fasern zugemischt werden, daß das Garn mit seiner Kennlinie die Kurve des Baumwollgarns erreicht. Welche Prozentsätze dazu im einzelnen erforderlich sind, hängt natürlich von den Eigenschaften der Fasern und von dem Spinnverfahren ab.

4.3. Jacquardspitzenwirk- und Klöppel(spitzen)maschinen

Konkrete Eignungskriterien für die Verarbeitbarkeit von Garnen auf Jacquardspitzenwirkmaschinen oder Klöppel(spitzen)maschinen aufgrund der in den Versuchen gemachten Erfahrungen anzugeben, bereitet gewisse Schwierigkeiten. Zunächst sind an die Garne zur Verarbeitung auf Jacquardspitzenmaschinen höhere Anforderungen an die äußere Gleichmäßigkeit und Dehnfähigkeit zu stellen als zur Verarbeitung auf Klöppelmaschinen. Aber die Grenzbereiche dieser Anforderungen sind fließend. Bei sorgfältiger Abstimmung innerhalb eines Musterrapports bei der dem Leinengarn nur verhältnismäßig weitmaschige Flottierungen zugeteilt werden, brauchen weniger Ansprüche gestellt zu werden, als bei engmaschigen, kurzflottierenden Abbindungen. Auf alle Fälle sollte das Garn frei sein von äußeren Verdickungen, Flammen, Knoten oder sonstigen grobstrukturierten Effekten. Vorteilhaft sind eine geringe Dickstellenanzahl und ein niedriger Variationskoeffizient der Reißfestigkeit, während die Höhe der Reißkraft für die Verarbeitung kein wesentliches Kriterium darstellt, sondern nur ein Qualitätsmerkmal abgibt. Mit allen Vorbehalten, weil die Versuche natürlich nicht ein so weites Spektrum abdecken können, seien als Anhaltswerte für die Eignung von Reinleinengarnen zur weitmaschigen Verarbeitung auf Spitzenwirkmaschinen genannt:

Dickstellenanzahl / 10.000 m Garnlänge [*)] $\leq$ 50
Variationskoeffizient der Reißkraft in % $\leq$ 20

Für die Klöppelmaschinen-Verarbeitung liegen die Anhaltswerte sicherlich über den vorgenannten, ohne dafür Zahlenangaben machen zu können, weil die zur Verfügung stehenden Garne im "Grenzbereich" nicht ausreichen.

Was die Dehnfähigkeit anbetrifft, so besteht innerhalb der Reinleinengarne verschiedenster Qualitäten kein großer Spielraum. Die maximale Dehnung, die bei Bruch des Fadens erreicht

---

[*)]Basis Elkometer-Einstellung $D_\Delta = \sqrt{3}$ Garn - ∅ [10]

wird, liegt in der Größenordnung von 2 %.

Mit einer Erhöhung der Dehnfähigkeit durch Zumischen dehnfähiger Fasern steigen auch hier die Chancen für eine problemlosere Verarbeitung und universellere Anwendung von Musterrapporten. Als Kriterium für die Eignung hinsichtlich der Dehnbarkeit eines Mischgarnes kann wieder die flacher verlaufende Kraft/Dehnung bzw. Kraft/Längenänderungskurve im Vergleich zu einem entsprechenden Baumwollgarn gelten (Vergl. Abschnitt 4.2.).

5. Gebrauchseigenschaften verschiedener Warengattungen und ihre Verbesserung durch Materialkombinationen

Aus der Vielzahl der Möglichkeiten, die Gebrauchseigenschaften von Wirkereierzeugnissen durch ein gezieltes Kombinieren von Chemiefasern und Leinen zu verbessern bzw. gleiche oder ähnliche Eigenschaften mit geringerem Aufwand zu erhalten, seien einige Beispiele angeführt. Direkte Vergleiche und Gegenüberstellungen von gleichen Erzeugnissen aus Chemiefasern auf der einen und aus Leinen auf der anderen Seite sind insofern schwierig, weil eine alleinige Verarbeitung von Leinen in der Wirkerei nur unter verschiedenen Voraussetzungen erfolgen kann, die sich allenfalls nur mit einem überhöhten Aufwand verwirklichen läßt. Ein unmittelbarer Vergleich von Erzeugnissen ist daher nicht gegeben und wäre auch nicht sinnvoll. Vielmehr sollen die Chancen für Leinen- und Leinenmischgespinste herausgestellt werden, durch entsprechenden Einsatz vorteilhafte Gebrauchseigenschaften zu erzielen.

Normale Kettengewirke haben die Eigenschaft, in beiden Richtungen in ihren Maßen unstabiler als Gewebe zu sein. Konfektionierte Artikel verlieren leichter ihre Form und nach Waschbehandlungen ergeben sich verhältnismäßig hohe Maßänderungen. Dies gilt besonders für Gewirke aus Leinen, da die Materialkrumpfung in einer losen Maschenabbindung voll zur Geltung kommen kann.

Werden aber Leinenmaterialien gradlinig als Schuß in den

Wirkgrund eingetragen, so wird damit bereits eine bessere
Stabilität in Querrichtung erreicht. Durch entsprechende
Grundlegungen (z.B. Tuch-Franse-Grund) kann auch die Stabilität in Längsrichtung erhöht werden. Maschenfäden müssen
außerdem verhältnismäßig fein sein. Für Leinen- oder Leinenmischgarne bedeutet dies eine überproportionale Verteuerung.
Darüberhinaus erfordern die Beanspruchungen auf der Wirkmaschine besondere Anforderungen an das Festigkeits- und Dehnungsverhalten. Wirtschaftlicher und funktionstüchtiger ist
es daher, die Maschenbildung feinen Filamentgarnen aus Polyamid oder Polyester zu überlassen und die Leinen- und Leinenmischgarne als Schuß zu verwenden. Sie können gröber, ungleichmäßiger, weniger reißfest und dehnungsarmer und damit
billiger sein. Je nach Konstruktion und Verhältnis in der
Feinheit von Maschen- und Schußfaden kann der Materialanteil
des Leinens bis zu ca. 90 % betragen.

Wenn also anstelle eines normalen Raschelgewirkes eine gewebeähnliche Wirkware mit eingetragenem Schuß hergestellt wird,
so kann dies nicht nur wirtschaftlicher geschehen, auch die
Maß- und Formstabilität ist besser. Ebenso ist auch das Festigkeits- und Dehnungsverhalten einer auf Kettenwirkmaschinen mit Schußeintrag hergestellten Ware keineswegs schlechter als das einer Raschelmaschine, obwohl die Festigkeitsdaten der eingetragenen Schußfäden unter denen der Garne
liegen, die für die Raschelware eingesetzt wurden.

Ähnliches gilt auch für die Pflegeeigenschaften, Waschverhalten, Ausbeulneigung und Scheuerfestigkeit. So lassen sich
Artikel gestalten, bei denen die Oberfläche und das Warenbild weitgehend von Leinengarnen gebildet werden, die Vorzüge und Eigenschaften der Naturfaser aufweisen, gleichzeitig
aber auch die Vorteile der Chemiefasern besitzen, weil Pflegeverhalten und Maßstabilität von ihnen geprägt werden. Da
die Maschenabbindungen mit den Filamentgarnen durch entsprechende Thermobehandlungen fixiert werden können, sind niedrige Restkrumpfwerte zu erreichen.

In den Tabellen des Anhangs sind einige Testergebnisse als
Beispiele aus den vielen Varianten wiedergegeben. Dabei sind
solche Waren herausgegriffen, die unter einheitlich gleichen
Bedingungen erzeugt und untersucht wurden und von denen verschiedene Materialzusammensetzungen vorliegen, so daß ein unmittelbarer Vergleich möglich ist.

Insgesamt zeigen die Wirkwaren durch veränderte Konstruktion
und Kombination der Materialarten bessere Gebrauchs- und
Pflegeeigenschaften.

Aus der Gegenüberstellung eines Kettengewirkes und eines Gewebes, in denen die gleichen Garne in annähernd gleicher Menge verarbeitet wurden, (Tab. 6) geht hervor, daß auch Wirkwaren mit gewebeähnlichen Eigenschaften hergestellt werden können, wenn eine entsprechende Konstruktion gewählt wird.

6. Möglichkeiten der Verbesserung in der Verarbeitbarkeit

Bei Verarbeitungsschwierigkeiten von Garnen in der Wirkerei
kommen allgemein drei verschiedene Vorbehandlungen für die
zur Verarbeitung anstehenden Garne infrage:

   a) das Reinigen d.h. das Eliminieren von Dickstellen mit
      Hilfe eines Garnreinigers
   b) das Auftragen von Spulölen, das bei Filamentgarnen Anwendung findet, um Reibeigenschaften und antistatisches Verhalten zu verbessern
   c) das Paraffinieren oder Wachsen, um die Fadenführungs-
      und umlenkstellen gleitfähiger zu machen und die Garnreibung zu vermindern.

Vorauszuschicken ist, daß die genannten Vorbehandlungen für
die Verarbeitung von Leinengarnen als Schuß auf Ketten-Wirkmaschinen mit Schußeintrag - eine Variante, die sich als die
beste und effektivste für gröbere, ungleichmäßige und dehnungsarme Garne herausgestellt hat - nicht erforderlich sind
bzw. keine wesentlichen Verbesserungen ergeben.

In den Fällen, in denen versucht wurde, Leinengarne als Maschen
einzusetzen - Frottier- und Plüschherstellung- haben entspre-

chende Vorbehandlungen letztlich keine Abhilfe schaffen können; wenn auch nach dem Auftragen eines Spulöls und dem Paraffinieren jeweils bessere Gleiteigenschaften unverkennbar waren, scheiterte eine zufriedenstellende Herstellung an der unverändert geringen Dehnfähigkeit der Reinleinengarne. Was die Garnreinigung anbetrifft, so wurde in den genannten Fällen ohnehin ein qualitativ hochwertiges Garn eingesetzt, bei dem grobe Verdickungen und Unreinheiten bereits eliminiert waren. Kleine Dickstellen zu entfernen erschien wenig sinnvoll, da die an ihre Stelle tretenden Knoten wahrscheinlich mehr Schwierigkeiten bereitet hätten.

Werden Leinengarne als weitmaschige Flottierungen - Jacquard- und Klöppelspitzen - eingesetzt, kann, je nach Beschaffenheit der Garne, eine Reinigung durchaus Verarbeitungsvorteile bringen. Je kleiner die Abweichungen vom Normalquerschnitt, je fließender die Übergänge, je geringer die Anzahl der Verdickungen sind, desto weniger treten Schwierigkeiten auf.

Allgemein muß im Einzelfall über eine Garnreinigung und deren Intensität entschieden werden, ob die Garnverdickungen oder der Knoten störender für die Verarbeitung und den Warenausfall ist.

Das Auftragen eines Spulöls - hier wurde SPREITAN 418, Fabrikat Henkel & Cie. GmbH, Düsseldorf, aufgesprüht - oder das Paraffinieren, bei dem das Garn beim Umspulen über festes Paraffin geführt wird, oder das Wachsen mit Flüssigwachs, das mit einer Tauchwalze aufgetragen wird, bringt überall dort Vorteile, wo Leinen- und auch Leinenmischgarne zur Maschenbildung eingesetzt werden.

Im Rahmen dieser Arbeit konnte natürlich nicht der Frage nachgegangen werden, welche der Avivier-Behandlungen den besten Effekt für eine verbesserte Verarbeitung auslöst. Dazu waren einmal die Verarbeitungsmetragen zu gering, um statistisch gesicherte Unterschiede zu erfassen, zum anderen hätten jeweils die Auftragsmengen variiert werden müssen, um optimale Verhältnisse zu erarbeiten. Deshalb wird hier auf zahlenmäßige

Vergleiche verzichtet. Generell kann aber gesagt werden, daß
mit jeder Vorbehandlungsmethode eine deutliche Verringerung
der Fadenzugkräfte und des Reibwertes und eine beträchtliche
Minderung von Fadenbrüchen und Stillständen erzielt wurde.

Auch hier gilt im Einzelfall zu entscheiden, welche der angeführten Möglichkeiten für eine verbesserte Verarbeitung eingesetzt wird, wobei auch wirtschaftliche Gesichtspunkte einbezogen werden sollten.

7. Schlußbetrachtung

Das Angebot an Wirkmaschinen ist bereits vielseitig und ihre
Ausstattung variantenreich. Mit einer Vielzahl von Bindungs-
und Musterungsmöglichkeiten sind die Variationen in der Gestaltung und Zusammensetzung von Wirkerzeugnissen fast unbegrenzt. Selbst für einen Fachmann ist die mögliche Palette an
unterschiedlich konstruierter Wirkware kaum überschaubar. Daher liegt es in der Natur der Sache, wenn im Rahmen dieser Arbeit nicht alle Möglichkeiten für den gemeinsamen Einsatz von
Leinen und Chemiefasern aufgezeigt und behandelt werden können. Vielmehr wird die Aufgabe als Beitrag gesehen, den traditionellen "Leineweber" mit anderen Herstellungstechniken
vertrauter zu machen und die "Wirker" zu einer Verarbeitung
von Leinen- und Leinenmischgarnen anzuregen, damit durch vielseitige Herstellungsverfahren und Materialkombinationen abwechslungsreiche Produkte mit Komfort und Gebrauchseigenschaften erzeugt werden können, die den Wünschen der Verbraucher
entsprechen.

In der Abwicklung der Arbeit ergaben sich insofern Schwierigkeiten, daß es nicht immer gelang, für die meist gröberen Leinen- und Leinenmischgarne die Maschinen mit entsprechenden
Feinheiten und Teilungen bereit zu stellen, wodurch sich
zeitliche Verzögerungen ergaben. Auch waren die jeweils verfügbaren Partnergarne und Maschineneinrichtungen nicht immer
optimal aufeinander abgestimmt. Schließlich konnten auch nicht
alle technisch möglichen Varianten erprobt werden. Insofern
sind die zum Teil gemachten negativen Erfahrungen (Frottier-
und Plüschwirkwaren) nicht überzubewerten. Zudem ist die

maschinentechnische Entwicklung noch im Fluß, so daß sich weitere annehmbare Möglichkeiten eröffnen können.

Zusammengefaßt und verallgemeinert lassen sich die gesammelten Erfahrungen und Erkenntnisse beschreiben:

Leinengarne lassen sich überall dort problemlos einsetzen, wo sie als Schuß oder Stehfaden gerade, ohne Maschen zu bilden, eingelegt werden. Dies gilt besonders für Ketten-Wirkmaschinen (Raschelmaschinen) mit Vollschußeintrag. Eigenschaften wie Festigkeit, Ungleichmäßigkeit, Dickstellenhäufigkeit, Garneffekte treten für die Verarbeitung in den Hintergrund, sie beeinflussen höchstens die Eintragsgeschwindigkeit.

Als Schuß- oder Stehfaden eingearbeitete Leinengarne verbessern die Form- und Maßstabilität der Ware.

Sollen Leinengarne zur Maschenbildung eingesetzt werden, müssen hohe Anforderungen an die Gleichmäßigkeit und Reinheit gestellt werden. (qualitativ hochwertige, feine Garne) Je enger die Einstellung und die Maschenbögen, desto eher ist mit Schwierigkeiten wegen der geringen Dehnfähigkeit der Garne zu rechnen (Gefahr von Nadelverbiegungen).

Leinenmischgarne mit einer dehnungsfähigeren Komponente (Polyester, Acryl, Polypropylen u.a.) können universell als Masche, Stehfaden oder Schußlegung eingesetzt werden.

Kombinierte Verarbeitungen von feinen Chemiefaserfilamentgarnen in der Kette zur Maschenbildung und groben Leinen- oder Leinenmischgarnen als Schuß und Stehfaden ergeben Waren mit relativ hohen Leinenanteilen, deren Eigenschaften, Aussehen und Griff hauptsächlich von dem Schuß bzw. Stehfaden geprägt werden, trotzdem aber eine gute Maßstabilität durch die Fixierung des Chemiefaseranteils erhalten.

Generell lassen sich die Vorteile der Natur- und Chemiefasern durch die Wirkereitechnik gut vereinigen, ohne daß ihre Nachteile im Fertigerzeugnis krass in Erscheinung treten.

Zum Schußeintrag in Kettenwirkmaschinen eignen sich auch ausdrucksvolle Effekt- oder Fantasiegarne, die bei anderen Verarbeitungstechniken oft zu Problemen führen.

Unter Berücksichtigung der Garnstruktur und -eigenschaften liegen die erzielbaren Eintragsleistungen über anderen Herstellungstechniken.

Direkte Vergleiche zwischen den Eigenschaftsmerkmalen verschiedener Materialkombinationen sind nur im begrenzten Maße zu erstellen, weil die Einhaltung gleicher Herstellungsbedingungen oft gleiche Feinheiten und Eigenschaften der Garne voraussetzen. Zum Teil ist dies nur in Teilbereichen möglich (Schuß, Stehfaden). Wo dies nicht der Fall ist, erfolgte eine Orientierung an das allgemeine Qualitätsniveau. In der Regel ist durch die Kombination von Chemiefaser/Leinen keine Verschlechterung eingetreten. Im Gegenteil, aus der Sicht des Leinens sind mit den Chemiefasern Verbesserungen bei Gebrauchsbeanspruchungen (Scheuerfestigkeit, Knitterneigung) und im Pflegeverhalten (Maßänderung, Waschbeständigkeit) zu verzeichnen. Mit dem Leinen haben die Erzeugnisse neben dem optischen Effekt und kernigen Griff die physiologisch günstigen Eigenschaften der Naturfaser gewonnen, wobei die Vorteile der Chemiefasern im wesentlichen erhalten geblieben sind.

Auf die zahlenmäßige Wiedergabe aller Untersuchungsergebnisse wurde verzichtet; auch auf die Darstellungen von Bindungen und Legungen, von deren möglicher Vielfalt nur im verhältnismäßig geringen Umfang Gebrauch gemacht werden konnte, ebenso wurde von photographischen Aufnahmen der erzeugten Wirkwaren abgesehen, weil sie nach rein technischen Gesichtspunkten erstellt wurden, ohne auf farbliche Aspekte und Musterungen Rücksicht zu nehmen. Größtenteils liegen die Versuchsmuster im Roh- oder Weißton vor, jedoch zeigen einige Farb- und Effektgarneinsätze, welche Gestaltungsmöglichkeiten für die Oberfläche einer Wirkware gegeben sind.

Insgesamt zeigen die Untersuchungsergebnisse, daß im Bereich der Wirkerei eine große Palette für den Einsatz von Leinen- und Leinenmischgarnen vorhanden ist und durch sinnvolle Kombinationen mit Chemiefasern attraktive Erzeugnisse mit guten Gebrauchs- und Pflegeeigenschaften wirtschaftlich hergestellt werden können. Natürlich muß im Einzelfall eine auf das jeweilige Endprodukt zugeschnittene, sorgfältige Entwicklung durchgeführt werden, wozu dieser Bericht anregen möchte.

Dem Land Nordrhein-Westfalen sei für die finanzielle Förderung der Arbeit gedankt, ebenso den Firmen W.Barfuß & Co., Mönchengladbach, C.A.Delius & Söhne, Bielefeld, Karl Mayer, Obertshausen, Ravensberger Spinnerei AG, Bielefeld, Frottierweberei Vossen GmbH, Gütersloh für die Zusammenarbeit auf diesem Gebiet.

Literatur

[1] HANSEN, H.: "Mischgarne aus Diolen/Leinen"
Zeitschrift f.d.ges.Textilindustrie 1970
S. 769 - 772

[2] FUNDER, A.: "Leinen, ein Mischungspartner für Chemiefasern ?"
mittex, Schweizerische Fachschrift f.d. ges. Textilindustrie 1973, S. 304 - 307

[3] FUNDER, A.: "Die Verarbeitung von aufgeschlossenen und gebleichten Flachsfasern (Leinen) in Mischung mit Chemiefasern"
Forschungsbericht des Landes Nordrhein-Westfalen Nr. 2527 (1975)

[4] OTTO, R.: "Einsatz von Bastfasergarnen in der Wirkerei"
Forschungsbericht des Landes Nordrhein-Westfalen Nr. 1950 (1968)

[5] GRIESE, H.: "Untersuchungen über das Krumpfverhalten von Maschenwaren aus Leinen und Baumwolle bei Anwendung des Co-We-Nit-Verfahrens"
Forschungsbericht des Landes Nordrhein-Westfalen Nr. 2142 (1970)

[6] WILKENS, Ch.: "Stand und Entwicklungstendenzen in der Kettenwirkerei"
Melliand Textilber. 57 (1976) S. 718-721

[7] SCHUCH, W.: "Kettenwirkautomaten und Raschelmaschinen zur Erzeugung von Heimtextilien"
Melliand Textilber. 58 (1977) S. 299-302

[8] FURKERT, F.: "Neuartige Technologien zur Herstellung von Frottier- und Plüschstoffen"
Melliand Textilber. 57 (1976) S. 458-462

[9] WILKENS, Ch.: "Frottierstoffe - kettengewirkt"
Melliand Textilber. 59 (1978) S. 215-217

[10] FUNDER, A., GRIESE, A. u. HEIM, H.: "Die Dickstellen in Leinengarnen"
Forschungsbericht des Landes Nordrhein-Westfalen Nr. 1951 (1968)

Tab. 1 Eigenschaftsmerkmale, Testergebnisse

Ketten - Wirkmaschine mit Schußeintrag TURBOTEX				
Material Kette 2 Legebarren, Polyester 72 dtex f 33 Material Schuß Polyester/Leinen, gebl. 630 dtex				
Mischungsverhältnis Schuß Polyester/Leinen	80/20	65/35	50/50	0/100
Flächengewicht g/m^2 Anteil Leinen %	184 14	187 25	179 36	183 72
Reißkraft Kette daN Reißkraft Schuß daN	25 119	25 92	25 68	25 163
Berstdruck bar Bestwölbhöhe mm	3,4 28	3,4 27	3,1 23	3,2 18
Ausbeulung mm Erholung %	24 54	22 53	19 51	14 48
Thermoschrumpf Kette % Thermoschrumpf Schuß %	- 2,8 - 0,8	- 2,6 - 0,7	- 2,6 - 0,4	- 2,4 - 0,4
Maßänderung Kette % Maßänderung Schuß %	- 7,2 - 0,5	- 6,8 - 0,2	- 7,8 - 0,4	- 7,4 - 0,6

Tab. 2 Eigenschaftsmerkmale, Testergebnisse

Ketten-Wirkmaschine mit Schußeintrag KMS 2					
Material Kette 2 Legebarren, Polyamid 44 dtex f 13 Material Schuß Polyester/Leinen 660 dtex					
Mischungsverhältnis Schuß Polyester/Leinen	80/20	65/35	50/50	35/65	0/100
Flächengewicht g/m^2 Anteil Leinen %	186 15	185 26	171 37	181 48	178 74
Reißkraft Kette daN Reißkraft Schuß daN	30 99	29 88	26 55	28 87	27 133
Reißdehnung Kette % Reißdehnung Schuß %	64 30	60 27	53 24	51 18	48 10
Berstdruck bar Berstwölbhöhe mm	3,7 37	3,2 35	2,2 28	2,9 25	3,3 18
Ausbeulung mm Erholung %	26 54	24 54	21 52	18 50	13 46
Thermoschrumpf Kette % Thermoschrumpf Schuß %	-1,4 -2,2	- 2,2 - 1,8	- 1,8 - 0,5	- 1,5 - 0,4	- 1,3 - 0,2
Maßänderung Kette % Maßänderung Schuß %	- 5,2 - 0,3	- 5,6 - 0,3	- 4,4 - 0,4	- 4,8 - 0,7	- 5,1 - 1,0

Tab. 3 Eigenschaftsmerkmale, Testergebnisse

Plüsch - Wirkmaschine (Raschel) HDR 5 DPLM		
Material Kette, Legebarren 1 + 5 Baumwolle 300 dtex Legebarren 2 + 4 Polyamid 110 dtex Pol, Legebarren 3 Acryl/Leinen 300 dtex x 2		
Mischungsverhältnis Polfaden Acryl/Leinen	50/50	100/0
Flächengewicht g/m^2 = %	550 = 100	536 = 100
Polanteil g/m^2 = %	430 = 78	414 = 77
Leinenanteil g/m^2 = %	215 = 39	-
Scheuerfestigkeit/ Abrieb nach 2000 Touren g/m^2 = %	10,8 = 2,0	11,3 = 2,1
Normdicke mm	3,7	3,5
Zusammendrückbarkeit mm = %	0,8 = 22	1,2 = 34
Wiedererholung mm = %	0,5 = 63	0,6 = 50

Tab. 4 Eigenschaftsmerkmale, Testergebnisse
Maßänderungen, Waschverhalten

Waren - bezeichnung	Raschelware m. Stehfaden u.Schußlegung	Raschelware m.Stehfaden u.Schußlegung	Kettenwirkware m.Stehfaden u.Vollschuß- eintrag
Material Masche Stehfaden + Schuß	Baumwolle 250 dtex PES/Leinen 50/50 560dtex	Baumwolle 250 dtex Leinen 560 dtex	Baumwolle 250 dtex Leinen 560 dtex
Flächengewicht roh m/g	245	252	259
Anteil Leinen %	30	58	61
Ausrüstung L Maßänderung % Q	- 2,9 - 9,2	- 3,4 - 8,7	- 4,1 - 5,4
1. Wäsche L Maßänderung % Q	- 1,6 - 1,8	-10,8 + 7,6	- 3,8 - 2,6
5. Wäsche L Maßänderung % Q	- 2,4 - 2,2	-14,2 +10,6	- 6,4 - 3,6
10.Wäsche L Maßänderung % Q	- 2,4 - 2,4	-16,4 +12,8	- 7,2 - 4,2
15.Wäsche L Maßänderung % Q	- 2,6 - 2,2	-18,6 +14,0	- 7,6 - 4,4
20.Wäsche L Maßänderung % Q	- 3,0 - 2,0	-21,0 +15,6	- 8,4 - 4,2
Gewichtsverlust 20. Wäsche %	2,9	4,7	4,1

Tab. 5 Eigenschaftsmerkmale, Testergebnisse
Maßänderungen, Waschverhalten

Ketten - Wirkmaschine mit Schußeintrag TURBOTEX				
Material Kette 2 Legebarren, Polyester 72 dtex f 33 Material Schuß Polyester/Leinen, roh 840 dtex				
Mischungsverhältnis Schuß Polyester/Leinen	67/33	50/50	33/67	0/100
Flächengewicht g/m²	248	255	254	262
Anteil Leinen %	28	43	58	86
roh, 1.Wäsche L Maßänderung % Q	-6,1 - 0,6	- 6,4 - 0,4	- 6,2 - 0,4	- 6,7 - 0,8
roh, 5.Wäsche L Maßänderung % Q	-11,4 - 1,5	-12,7 - 1,9	-13,2 - 1,5	-13,4 - 1,6
roh, 10.Wäsche L Maßänderung % Q	-13,8 - 2,4	-15,3 - 2,8	-15,7 - 2,5	-15,9 - 2,7
roh, 20.Wäsche L Maßänderung % Q	-15,5 - 3,1	-16,0 - 3,0	-16,4 - 2,9	-16,4 - 3,0
fixiert, 1.Wäsche L Maßänderung % Q	- 1,4 - 0,4	- 1,3 - 0,4	- 1,7 - 0,5	- 1,5 - 0,6
Fixiert,10.Wäsche L Maßänderung % Q	- 2,0 - 0,8	- 1,8 - 1,0	- 2,1 - 1,1	- 1,9 - 0,9
fixiert,20.Wäsche L Maßänderung % Q	- 2,2 - 0,9	- 1,9 - 1,2	- 2,2 - 1,1	- 2,0 - 1,2
fixiert,20.Wäsche Gewichtsverlust %	2,5	3,1	3,5	4,4

Tab. 6 Kettengewirk und Gewebe
mit etwa gleichem Materialeinsatz

Technische Daten Eigenschaften	Kettengewirk mit Stehfäden und Vollschuß	Gewebe
Material Kette Material Schuß	Baumwolle, roh Leinen 1/4-gebl.	Baumwolle, roh Leinen 1/4-gebl.
Garnfeinheit Kette Garnfeinheit Schuß	30 tex x 2 80 tex	30 tex x 2 80 tex
Flächengewicht	280 g/m^2	270 g/m^2
Reißkraft Kette Reißkraft Schuß	82 daN 176 daN	90 daN 205 daN
Reißdehnung Kette Reißdehnung Schuß	37 % 13 %	31 % 12 %
Maßänderung Kette Maßänderung Schuß	- 10 % - 6 %	- 8 % - 7 %

FORSCHUNGSBERICHTE
des Landes Nordrhein-Westfalen

*Herausgegeben
vom Minister für Wissenschaft und Forschung*

Die „Forschungsberichte des Landes Nordrhein-Westfalen" sind in
zwölf Fachgruppen gegliedert:

Geisteswissenschaften

Wirtschafts- und Sozialwissenschaften

Mathematik / Informatik

Physik / Chemie / Biologie

Medizin

Umwelt / Verkehr

Bau / Steine / Erden

Bergbau / Energie

Elektrotechnik / Optik

Maschinenbau / Verfahrenstechnik

Hüttenwesen / Werkstoffkunde

Textilforschung

SPRINGER FACHMEDIEN WIESBADEN GMBH

If you have any concerns about our products,
you can contact us on
ProductSafety@springernature.com

In case Publisher is established outside the EU,
the EU authorized representative is:
**Springer Nature Customer Service Center GmbH
Europaplatz 3, 69115 Heidelberg, Germany**

Printed by Libri Plureos GmbH
in Hamburg, Germany